上海市工程建设规范

建筑工程施工现场视频监控系统
应用技术标准

Technical standard for application of video surveillance system on construction site

DG/TJ 08—2025—2020
J 11050—2020

主编单位：上海市建设工程安全质量监督总站
同济大学

批准部门：上海市住房和城乡建设管理委员会
施行日期：2021 年 4 月 1 日

同济大学出版社

2021 上海

图书在版编目(CIP)数据

建筑工程施工现场视频监控系统应用技术标准/上海市建设工程安全质量监督总站,同济大学主编. —上海:同济大学出版社,2021.3

ISBN 978-7-5608-9822-3

Ⅰ. ①建… Ⅱ. ①上… ②同… Ⅲ. ①视频系统—监控系统—应用—建筑工程—施工现场—技术标准 Ⅳ. ①TU71-65

中国版本图书馆 CIP 数据核字(2021)第 042070 号

建筑工程施工现场视频监控系统应用技术标准

上海市建设工程安全质量监督总站
同济大学
主编

策划编辑 张平官
责任编辑 朱 勇
责任校对 徐春莲
封面设计 陈益平

出版发行 同济大学出版社 www.tongjipress.com.cn
(地址:上海市四平路 1239 号 邮编:200092 电话:021-65985622)
经 销 全国各地新华书店
印 刷 浦江求真印务有限公司
开 本 889mm×1194mm 1/32
印 张 1.375
字 数 37000
版 次 2021 年 3 月第 1 版 2021 年 3 月第 1 次印刷
书 号 ISBN 978-7-5608-9822-3
定 价 15.00 元

上海市住房和城乡建设管理委员会文件

沪建标定〔2020〕631号

上海市住房和城乡建设管理委员会
关于批准《建筑工程施工现场视频监控系统
应用技术标准》为上海市工程
建设规范的通知

各有关单位：

由上海市建设工程安全质量监督总站、同济大学主编的《建筑工程施工现场视频监控系统应用技术标准》，经我委审核，现批准为上海市工程建设规范，统一编号为DG/TJ 08—2025—2020，自2021年4月1日起实施。原《建设工程远程监控系统应用技术规程》DG/TJ 08—2025—2007同时废止。

本规范由上海市住房和城乡建设管理委员会负责管理，上海市建设工程安全质量监督总站负责解释。

特此通知。

上海市住房和城乡建设管理委员会

二〇二〇年十一月四日

前　言

根据上海市住房和城乡建设管理委员会《关于印发〈2016 年上海市工程建设规范编制计划〉的通知》(沪建管〔2015〕871 号)的要求,由上海市建设工程安全质量监督总站和同济大学会同有关单位对上海市工程建设规范《建设工程远程监控系统应用技术规程》(DG/TJ 08—2025—2007)进行修订。编制组调研总结了近十年上海地区工程实践经验,并以多种形式广泛征求意见,同时与新颁布的国家相关规范进行了协调,最终形成本标准。本标准结合新的技术发展修编了系统配置、系统运行、信息采集、系统维护的内容,增加了系统需求、信息传输及显示、信息管理、监控室布置等内容。

本标准的主要内容有:总则;术语;基本规定;系统设计;系统安装;调试及验收;系统维护。

各单位及相关人员在执行本标准过程中,如有意见和建议,请反馈至上海市住房和城乡建设管理委员会(地址:上海市大沽路 100 号;邮编:200003;E-mail:bzgl@zjw.sh.gov.cn),同济大学(地址:上海市彰武路 1 号 1030 室;邮编:200092;E-mail:guanxj2940@163.com),上海市建筑建材业市场管理总站(地址:上海市小木桥路 683 号;邮编:200032;E-mail:bzglk@zjw.sh.gov.cn),以供今后修订时参考。

主 编 单 位:上海市建设工程安全质量监督总站
同济大学

参 编 单 位:中国建筑第八工程局有限公司
中国联合网络通信有限公司上海市分公司
上海建工四建集团有限公司

上海建工七建集团有限公司
上海睿技土木工程咨询有限公司
上海同优建筑工程有限公司
上海巨一科技发展有限公司
上海申通地铁集团有限公司
上海市静安区建设和管理服务中心
上海市松江区建设工程质量安全监督站
上海市浦东新区建设工程安全质量监督站

主要起草人：关贤军　金磊铭　陈雨生　崔晓强　余芳强
吴　彬　瞿志勇　刘胜生　余　亮　姚　钧
金卫华　方　浩　钱　波　陈　怡　钟志诚
杨洪明　张东方　闵志华　佘佳贝

主要审查人：郑国莘　滕　丽　金立赞　李海光　李鑫奎
殷惠君　徐　新

上海市建筑建材业市场管理总站

目　次

Contents

1 总 则

1.0.1 为提升本市建筑工程安全、质量、文明施工及综合管理水平，减少工程隐患，预防工程事故，规范建筑工程施工现场视频监控系统（以下简称视频监控系统）的应用，制定本标准。

1.0.2 本标准适用于建筑工程施工现场视频监控系统的设计、安装、验收、运行和维护。

1.0.3 视频监控系统应具有安全性、可靠性、开放性和可扩展性。视频监控系统的建设，应考虑工程的建设规模、风险等级、施工进度和周边环境等因素，确保技术先进、经济合理、安全可靠。

1.0.4 视频监控系统除应执行本标准外，尚应符合国家、行业和本市现行有关标准的规定。

2 术 语

2.0.1 施工现场视频监控系统 construction site video surveillance system

基于计算机软硬件和网络环境，采用视频监控手段，通过软件进行数据分析、处理并实现网络远程数据交互，为现场的安全、质量、文明施工及综合管理提供辅助管理的系统，主要由前端视频采集设备、数据存储设备、传输网络、显示设备、监控平台等组成。本标准中简称为视频监控系统。

2.0.2 重大危险源 major risk factors

可能导致人身伤害或疾病、财产损失、工作环境破坏或这些情况的组合的危险因素和有害因素。

2.0.3 接口 interface

不同设备或不同系统之间传输信息的物理连接或数据交换。

2.0.4 视频服务器 video server

用以完成视频信号的实时显示、压缩编码和传输功能，同时可以具有视频存储、告警联动等扩展功能的专用设备。

2.0.5 高级视频编解码协议 advanced video coding and decoding protocol

一种高性能的视频编解码技术，具有很高的数据压缩比例，它通过增加运算的复杂性降低了码流，同时提高了画质。

2.0.6 视频分辨率 video resolution

视频信号所成图像的大小或尺寸。

2.0.7 带宽 band width

网络可通过的最高数据率，用以衡量网络的传输速率，单位为 bit/s。

2.0.8 网络延时 network latency

报文在传输介质中传输所用的时间，即从报文开始进入网络到它开始离开网络之间的时间。

2.0.9 前端视频采集设备 front-end video acquisition equipment

视频监控系统的前端视频采集设备主要包括以下几个类型：固定监控摄像机、可控监控摄像机、枪球联动监控摄像机、移动采集设备。

2.0.10 高空监控 high altitude monitoring

利用局部范围内的相对最高点，配合可控监控摄像机，形成周边较大角度、较大范围场景的视频监控点。

2.0.11 云台 yuntai

安装、固定摄像机的支撑设备，分为固定和电动云台两种。

3 基本规定

3.0.1 视频监控系统应实现建筑工程施工现场出入口、塔吊等部位的监控，并宜覆盖材料加工区、施工作业面、宿舍区进出口等部位。

3.0.2 视频监控系统应服务于建筑工程施工现场的安全、质量、文明施工和综合管理等。

3.0.3 视频监控系统应符合下列要求：

1 应包括前端视频采集设备、数据存储设备、传输网络和监控平台等软硬件。

2 应具备施工现场实时信息的采集、存储、传输、交互和共享等功能。

3 应满足稳定、安全、易安装和易维护的使用要求。

3.0.4 视频监控系统应支持基于视频分析的车牌识别、人脸识别、安全帽佩戴检测等功能；在工程开工前，应对视频监控系统进行策划，按要求安装视频监控系统，并完成方案编制、安装调试、验收测试等相关工作。

4 系统设计

4.1 一般规定

4.1.1 视频监控系统的设计应满足工程建设参建各方及管理部门的使用需求。

4.1.2 视频监控系统的设计应在施工现场建设稳定、适应、安全的网络结构，包括有线或无线传输网络，并应满足下列规定：

1 应配备对外网络，满足远程查看视频数据要求。

2 视频监控系统应提供合理的存储空间，对运行期间产生的结构化和半结构化数据进行安全管理。

3 存储空间和计算能力具有可扩展性。

4 视频监控系统应兼容常见操作系统。

5 视频信息数据的格式应符合国家相关标准要求。

4.1.3 视频监控系统宜集成施工现场其他外部监控系统数据，避免重复建设。

4.1.4 现场监控室设计应选择温湿度适宜、消防措施到位、电磁干扰小的场所，应提供单相交流电源，并具备防雷措施。

4.1.5 视频监控系统应记录信息共享交换过程的信息，包括发起方、接受方、采用的共享/交换规则、策略的运行情况等。宜分析发送日志和接收日志，验证发送和接收的一致性。

4.2 系统需求

4.2.1 视频监控系统应支持用户对前端视频采集设备实现下列

操作：

1 支持用户查看摄像机设备分组布局及名称列表，以及查看选中摄像机的实时画面及显示位置调整。

2 支持用户查看选定摄像机的历史录屏画面，支持多路同步回放、全屏回放、视频摘要等功能。

3 支持前端视频采集设备的添加、重命名、删除等功能。

4 支持用户选中前端视频采集设备录入报警消息，并发送给相关人员；宜支持用户对报警事件的提醒、处理及信息检索等。

5 支持用户通过 IP 地址、名称、时间等方式进行视频检索及查看。

6 支持用户通过云台远程控制前端视频采集设备，包括放大、缩小、旋转和焦距设置等操作。

4.2.2 视频监控系统应通过配置统一时钟源对所有设备进行时钟同步，实现统一校时功能。

4.2.3 视频监控系统宜具备字符叠加功能，字符叠加应不影响图像监视和记录回放效果。

4.2.4 视频监控系统应具有根据用户级别处理并发访问的功能；不同级别用户同时请求对某一设备操作时，系统应优先满足高优先级用户操作。

4.2.5 视频监控系统宜支持录入人脸识别的白名单和黑名单数据。

4.2.6 视频监控系统应自动生成用户访问日志和系统操作日志，应支持视频本地备份功能和日志备份。

4.2.7 现场监控室显示系统宜配置多画面显示屏和切换显示屏。

4.3 信息采集

4.3.1 建筑工程施工现场应安装一定数量的前端视频采集设备，采集现场质量、安全、文明施工和综合管理等方面的信息，将现场情况实时上传至视频监控平台。前端视频采集设备布设、安装应满足广度、深度、清晰度、稳定性及后续扩展性等工程实际要求。

4.3.2 云台远程控制功能应能远程控制视频监控摄像机的云台，调节摄像机的旋转角度、镜头景深远近等参数。

4.3.3 九分屏以上的视频监控系统应具备视频轮巡功能，视频轮巡功能应通过设置轮巡时间间隔、多个前端视频采集设备显示顺序等参数，轮巡时间间隔长度可按需设置，实现多个前端视频采集设备画面的顺序轮回播放。

4.3.4 故障报警功能宜在前端摄像机失焦、遮挡、断电、虚焦等不正常情况发生时，自动识别并报警。

4.3.5 摄像机监控镜头宜采用可变焦距镜头，并应满足下列要求：

1 监控范围内的平均照度宜不小于 50 lx，并根据需求设置与摄像机指向一致的辅助照明光源。

2 宜能显示人员的面部特征、机动车牌号。

3 应具备防抖、防虚焦等功能。

4.3.6 施工不同阶段的前端视频采集设备位置和数量宜根据实际需求动态调整。

4.4 信息传输及显示

4.4.1 系统的数据传输方式采用有线或无线的传输方式。数据传输应符合下列规定：

1 基础数据的传输应采用开放的数据通信协议，并采取加密措施。

2 设备应具备数据断点续传功能。

3 支持向多用户传输数据。

4.4.2 视频数据参数带宽单路图像占用 IP 有线网络的带宽应满足视频传输需求，确保视频不丢帧、不卡顿，宜不低于 6 M；无线传输方式回传图像的带宽宜不低于3 M。

4.4.3 视频传输系统应考虑视频采集装置数量、分布、传输距离、环境条件、信息容量及传输设备技术等因素，根据传输设备技术性能采用无线、有线或二者混合应用的方式。

4.5 系统接口

4.5.1 视频监控系统应为其他外部系统提供标准访问接口，接口的数据元编制、业务代码编制、数据交换格式设计应符合相关标准规定。

4.5.2 视频监控系统敏感数据传输应加密，并应写入统一数据库。统一数据库接口应按照接入系统的业务标准封装，为外部系统提供统一数据接口服务。

4.5.3 视频监控系统应提供监控设备的统一访问接口，实现工程信息整合和远程监控管理，并具备对收集的视频信息进行存储、传输、查询和共享等功能。

4.5.4 视频监控系统应具备统一的数据共享接口标准与上级、平级信息平台实现数据共享，数据接口标准宜采用TCP/IP协议。

4.6 信息管理

4.6.1 视频监控系统应支持利用参数化、模块化的方式实现软件的应用。

4.6.2 视频监控系统应采用符合国家标准的数据库。

4.6.3 视频监控系统应配置专用服务器，满足数据存取、数据转换和数据分析时的稳定性要求，存储空间至少支持视频数据本地存储30 d，结构化或半结构化数据存储180 d。

4.6.4 视频监控系统宜配置访问权限，并进行严格的访问控制。

4.6.5 视频监控系统应具备联网功能，实现施工单位、监理单位、建设单位、政府监管部门等用户数据共享。

4.6.6 视频监控系统应能审计用户使用日志。

4.7 信息安全

4.7.1 视频监控系统应具有统一身份认证和用户权限管理体系，根据不同权限、角色实现对访问用户的分权分域管理。

4.7.2 视频监控系统应实现数据的定期备份，建立数据备份的管理制度，保证数据的存储安全，避免数据丢失。

4.7.3 视频监控系统应具备网络数据加密传输机制，保证数据传输的机密性、完整性和不可抵赖性。

5 系统安装

5.1 一般规定

5.1.1 前端视频采集设备安装数量应符合下列规定：

1 建筑面积为0.5万 m^2～1万 m^2 的建筑工程，监控点数量不少于3个。

2 建筑面积为1万 m^2～5万 m^2 的建筑工程，监控点数量不少于4个。

3 建筑面积为5万 m^2～10万 m^2 的建筑工程，监控点数量不少于5个。

4 建筑面积为10万 m^2 以上的建筑工程，监控点数量不少于6个，且每增加5万 m^2，监控点增加不少于2个。

5 深基坑开挖深度超过5 m或基坑环境保护等级为二级(含二级)以上，基坑阶段监控点数量不少于4个。

5.1.2 前端视频采集设备安装位置及类型应符合下列要求：

1 前端视频采集设备的安装位置，应根据工程不同施工阶段，及时安装、增设和调整。

2 监控位置(固定视角)：人员、车辆、材料出入口等的视角固定位置，应采用枪机或球机。

3 监控位置(高处广角)：塔吊、围墙、临近建筑物等有利于监控施工作业面、材料堆放区、重大危险源等位置，应采用变焦球机。

5.1.3 应在工程施工总平面布置图上标注前端视频采集设备安装位置和型号。

5.2 前端视频采集设备安装

5.2.1 前端视频采集设备安装应采用稳定、牢固的安装支架，安装位置及高度不应受外界干扰、破坏，且不应影响现场设备运行和人员正常活动。摄像机安装应无遮挡、无逆光，安装指向与监控目标形成的垂直夹角宜小于 30°，与监控目标形成的水平夹角宜不大于 45°。

5.2.2 前端视频采集设备的工作温度宜在 −30 ℃～65 ℃之间，工作相对湿度宜在 5%～100%RH 之间。

5.2.3 前端视频采集设备的空间安装布局应合理，宜覆盖施工现场重点监控区域。

1 工地的主要出入口及出口外 25 m 范围、场内主要通道。

2 施工区、加工区、材料堆放区、木工施工棚、钢筋施工棚、大型机械施工区。

3 机械设备及其他制高点，制高点监控需采用可旋转摄像机。

4 重大危险源或危大工程施工作业区域。

安装数量应按照表5.2.3的规定执行。

表 5.2.3 前端视频采集设备安装布局

典型安装位置	基本数量
工地主出入口	1 个/进出口
建材堆放及加工区域	1 个/区域
高处广角	1 个
重大危险源或危大工程施工作业区域	2 个/区域

5.2.4 作业高处前端视频采集设备安装部署应符合下列要求：

1 前端视频采集设备的部署应不影响机械设备的结构和性能。

2 前端视频采集设备的部署应不影响机械设备及操作人员

正常作业，并应满足工程消防验收要求。

3 作业高处的前端视频采集设备应能够大范围、远距离、宽视野采集信息，具备红外夜视功能，能360°旋转及变焦，夜间观察距离应不小于80 m。

5.2.5 前端视频采集设备应采用防水、防尘、防爆等密封设计，具备防潮、防腐蚀、防雷、防抖、抗干扰等功能。

5.3 传输线路安装

5.3.1 信号传输线路网络应能实时将视频数据完整传输到监控中心，出现异常时，应能及时报警。

5.3.2 传输线路的介质应可靠、稳定，并应满足建设工程施工现场环境要求。

5.3.3 施工现场塔吊吊装区域严禁线缆架空敷设，塔吊上前端视频采集设备宜采用无线方式传输。

5.3.4 室外线缆应牢靠固定于附着物上，并作标识。

5.3.5 信号传输线缆与强电线缆平行或交叉敷设时，间距不宜小于1.5 m。

5.3.6 水下布线时，线缆应增加防水套或采用防水线缆。

5.3.7 室外线缆埋地时，埋地深度不宜小于0.8 m，并应穿在硬管内。

5.3.8 无线设备架设时，接受设备与发射设备之间应避开遮挡物，并应满足传输信号要求。

5.3.9 室外线缆连接处应采取防水、防磁等措施。

5.3.10 室外无线传输设备及其辅助设备应满足室外工作环境要求，具有防震、防磁、防尘、防水、防锈、防冻功能。

5.4 监控室布置

5.4.1 所有引线在与设备连接时，均应留有余量，并应有标识。

5.4.2 中央控制端与显示设备应安装在防潮、防尘、防腐蚀的区域。

5.4.3 监视器、主机系统等设备应采取降温、散热和防尘措施。

5.4.4 监控室位置应相对固定，面积不应小于 6 m^2。

5.4.5 监控室应配置视频数据存储系统、显示系统、宽带网络接口等。

5.5 供电与接地

5.5.1 应保证视频监控系统不间断供电，配电设备应标识为视频监控系统专用。

5.5.2 前端视频采集设备宜采用低压供电。

5.5.3 系统防雷与接地应符合现行国家标准《安全防范工程技术标准》GB 50348 的相关规定，前端视频采集设备应采取有效防雷击保护措施。

6 调试及验收

6.1 系统调试

6.1.1 系统调试前应确保电源及网络条件落实到位,并形成完整的系统设计文件、使用说明等资料。

6.1.2 调试前,应编制拟调试系统的调试大纲,大纲应包括下列内容:

1 项目概况。

2 调试程序。

3 测试项目。

4 测试方法。

5 相关技术标准和指标。

6 相关方职责。

7 调试进度计划。

6.1.3 系统调试应满足下列要求:

1 应对设备运行、处理速度、信息传输、图形处理、稳定性和可靠性等项目进行检查调试。

2 应对软件接口、数据采集、图文传输、存储读取、稳定性等方面进行检查调试。

3 对调试过程中发现的问题及处理方法和结果应做详细的记录。

4 调试满足设计要求后,应填写调试报告。

6.2 系统验收

6.2.1 验收时应提供系统图、设备一览表、管线敷设图及监控点位布置图、系统使用说明书、设备说明书、调试记录、调试报告等资料。

6.2.2 验收过程中应演示系统功能、评审信号质量、检验设备性能及系统整体性能。

6.2.3 应根据本标准附录A视频监控系统验收表做好验收记录，并归档。

6.2.4 验收结论与处理应符合下列规定：

1 验收结论应分为合格和不合格。

2 当验收结论为不合格时，责任单位应限期整改，直到重新验收合格；整改后仍无法满足设计要求的，不得通过验收。

6.2.5 系统整体验收合格后，方可交付使用。

7 系统维护

7.1 一般规定

7.1.1 应建立系统维护保养机制，定期进行检查与维护，保障系统正常运行。

7.1.2 系统维护应具备基本维护条件，做到备件齐、配件齐、工具齐、仪器齐。

7.1.3 系统应做好防潮、防尘、防腐、防雷、防干扰工作。

7.1.4 系统应建立维护保养计划与日志，并定期报送。

7.2 维护保养

7.2.1 系统维护保养的主要对象应包括捕影部分的摄像机、云台球罩、视频服务器、硬盘录像机或网络视频录像机，传输部分的路由器、防火墙和无线 AP、线缆，显示部分的视频显示设备、图像控制器、视频矩阵切换器、VGA 矩阵切换器和数字解码器。

7.2.2 维护保养过程中，如果发现捕影部分、传输部分或显示部分设备（特别是其中关键设备指标）不符合系统验收要求时，应在 24 h 内报修。

7.2.3 维护保养分为常规巡检、季度检查和年度检查。维护保养应符合下列规定：

1 常规巡检，主要应检查设备的运行状态及网络传输线路检测，对容易老化的监控设备部件，应每月进行一次全面检查和保养。

2 季度检查，除包含常规巡检内容外，还应对各类设备内外部进行清洁。

3 年度检查，除包含常规巡检内容外，还应对系统运行的情况进行评估等。

7.3 扩展和升级

7.3.1 系统应支持灵活的组网方案，应能适应各种规模应用的网络结构。扩展硬件环境时，应支持小容量到大容量的平滑过渡。

7.3.2 系统应具有向下兼容性，低版本的数据应能无损升级至高版本。应定期对监控系统和设备进行优化。

附录 A　视频监控系统验收表

<table>
<tr><td colspan="2">工程名称</td><td colspan="2"></td><td>施工阶段</td><td></td></tr>
<tr><td colspan="2">建设单位</td><td colspan="2"></td><td>联系人(电话)</td><td></td></tr>
<tr><td colspan="4">验收项目(主控项目)</td><td>检查评定记录
是(√)否(×)</td><td>备注</td></tr>
<tr><td rowspan="4">1</td><td rowspan="4">设备功能</td><td colspan="2">云台转动</td><td></td><td rowspan="21">设备抽检数量不低于 20%且不少于 3 台;合格率为 100%时,为合格。系统功能和联动功能全部检测,符合设计要求时为合格;合格率为 100%时,系统检测合格</td></tr>
<tr><td colspan="2">镜头调节</td><td></td></tr>
<tr><td colspan="2">图像切换</td><td></td></tr>
<tr><td colspan="2">防护罩效果</td><td></td></tr>
<tr><td rowspan="2">3</td><td rowspan="2">图像质量</td><td colspan="2">图像清晰度</td><td></td></tr>
<tr><td colspan="2">抗干扰能力</td><td></td></tr>
<tr><td rowspan="13">4</td><td rowspan="13">系统功能</td><td colspan="2">监控范围</td><td></td></tr>
<tr><td colspan="2">设备接入率</td><td></td></tr>
<tr><td colspan="2">完好率</td><td></td></tr>
<tr><td rowspan="4">矩阵主机</td><td>切换控制</td><td></td></tr>
<tr><td>编程</td><td></td></tr>
<tr><td>巡检</td><td></td></tr>
<tr><td>记录</td><td></td></tr>
<tr><td rowspan="6">数字视频</td><td>主机死机</td><td></td></tr>
<tr><td>显示速度</td><td></td></tr>
<tr><td>联网通信</td><td></td></tr>
<tr><td>存储速度</td><td></td></tr>
<tr><td>检索</td><td></td></tr>
<tr><td>回放</td><td></td></tr>
<tr><td>5</td><td colspan="3">联动功能</td><td></td></tr>
<tr><td>6</td><td colspan="3">图像记录保存时间</td><td></td></tr>
<tr><td colspan="6">验收意见:

建设单位项目负责人签字:　　　　　　施工单位项目负责人签字:
日期:　　　　　　日期:</td></tr>
</table>

本标准用词说明

1 为便于在执行本标准条文时区别对待，对要求严格程度不同的用词说明如下：

1）表示很严格，非这样做不可的用词：
正面词采用“必须”；
反面词采用“严禁”。

2）表示严格，在正常情况下均应这样做的用词：
正面词采用“应”；
反面词采用“不应”或“不得”。

3）表示允许稍有选择，在条件许可时首先应这样做的用词：
正面词采用“宜”；
反面词采用“不宜”。

4）表示有选择，在一定条件下可以这样做的用词，采用“可”。

2 条文中指明应按其他有关标准执行的写法为：“应符合……的规定”或“应按……执行”。

引用标准名录

《安全防范工程技术标准》GB 50348

上海市工程建设规范

建筑工程施工现场视频监控系统应用技术标准

DG/TJ 08—2025—2020
J 11050—2020

条 文 说 明

2021 上海

目　次

Contents

1 总 则

1.0.1 本标准的编制是基于上海市工程建设规范《建设工程远程监控系统应用技术规程》DG/TJ 08—2025—2007 的补充与升级，于 2016 年 1 月立项，申报上海市地方标准。

为配合上海市建设智慧城市和智慧工地，适应城市精细化管理要求，利用物联网、互联网、云计算、高性能计算、智能科学等新兴技术手段，提高工地安全管理水平，减少安全事故，为建筑工人实名制管理提供基础条件，因此修订本标准。

1.0.2 本标准的适用范围为常规建筑工程施工现场。对特殊的施工条件、网络无法覆盖的场地、保密工程等，应结合具体情况进行调整。

1.0.3 本条中的开放性，是指视频监控系统应具有开放共享相关数据的功能；可扩展性是指视频监控系统应具备模块化升级和横向扩展的功能，可接入或整合进相关信息系统及平台。

1.0.4 本条规定建筑工程施工现场视频监控系统的设计实施，除应执行本标准外，尚应符合《民用闭路监视电视系统工程技术规范》GB/50198、《智能建筑设计标准》GB/T 50314、《民用建筑电气设计规范》GB 51348 等国家现行有关标准、规范的规定。

3 基本规定

3.0.3 视频监控系统要求：

1）视频监控系统架构如图1所示，应包括前端视频采集设备、数据存储设备、传输网络、显示设备、视频监控平台等。前端视频采集设备应通过摄像机获取施工现场的视频信号，并对视频信号进行压缩编码与前端分析；数据存储设备可实现视频和图片数据的存储和管理；视频和图片数据可通过有线或无线传输方式传输到视频监控平台。

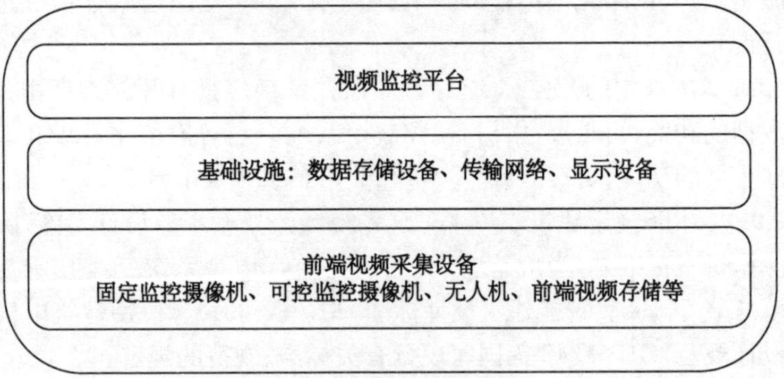

图1 视频监控系统架构图

2）视频监控系统应具备统一的数据共享接口标准与上级、平级信息平台实现数据共享。

3.0.4 视频监控系统宜支持基于视频分析的人脸识别功能；宜具备基于视频分析技术的人脸识别考勤、签到等功能；宜具备基于视频分析技术的安全帽检测功能；宜具备基于视频分析技术的越线报警、区域入侵行为检测功能；宜具备基于视频分析技术的火焰、烟雾检测功能；宜具备基于视频分析技术的物品搬移检测功能；宜具备基于视频分析技术的人员聚集检测功能；宜具备基于视频分析技术的物品保护检测功能。

4 系统设计

4.1 一般规定

4.1.1 由于工程类型和规模的多样性和复杂性以及参建各方的管理差异，对监控的内容需求各不相同，为了更好地推广使用以及确保监控的有效性和经济性，故要求建设各参与方在视频监控系统设计前根据工程实际填写监控需求信息表，召开需求调研会议，收集汇总需求信息，以使监控更具针对性和目的性。系统设计应综合考虑建设方需求、目前最新设备和技术发展。

系统应为施工现场管理信息平台、企业项目管理系统、监管部门信息平台等外部系统提供标准访问接口，方便不同层面用户调用现场视频监控信息。

4.1.2 系统的数据存取容量大、数据转换和数据分析计算量大，宜配置专用的高性能服务器，并具备根据需求增加硬盘、内存等硬件的能力，保障系统的扩展性。数据存储宜采用 Key-Value 键型数据库，提供根据 Key 快速查找数据文件。

施工现场工况不断变化，视频监控需求也会随之变化，系统设计应留有冗余度和扩展性，方便后续增加一定数量的采集点位。

4.1.3 系统应在施工现场现有网络架构基础上建设，有利于保障系统的稳定性和经济性，可利用施工现场现有对外网络接口，满足远程查看视频数据要求。

4.2　系统需求

4.2.1　视频监控系统应提供至少三级的用户管理机制，包括系统管理员、普通管理员和普通用户，实现对不同角色的分级授权；支持用户管理功能，实现增加、删除、修改用户等操作，满足施工现场人员不断变换。

1　系统应支持用户在施工现场和远程通过专用软件查看所有摄像机实时画面；宜支持用户在施工现场和远程通过浏览器查看监控画面，方便用户随时随地查看监控数据。

3　系统应支持摄像机的添加、重命名、删除等功能，满足施工现场工况不断变化带来的摄像机布置方案变化。

4　系统应支持用户选中前端视频采集设备录入报警消息，包括时间、报警描述等信息，并发送给相关人员，实现人工远程报警和在线通知功能；宜支持用户处理和关闭报警消息，并录入处理方式、处理时间等信息，实现在线处理功能；宜实现对报警事件的提醒、历史报警信息检索、回放报警录像等，方便追踪报警情况。

6　对于前端配置了云台操作功能的设备，系统应支持远程控制前端设备，包括放大、缩小、旋转和焦距设置等；特别是布置在塔吊顶部等高处的摄像机，具有较好的视野，实现对施工现场不同区域、不同精度的监控。

4.2.2　系统包括多个前端视频采集设备，应通过配置统一时钟源对所有设备进行时钟同步，实现统一校时功能，保障录像数据的时间有效性。

4.2.3　系统具备字符叠加功能，实现视频图像与日期、时间、监视画面位置等字符的叠加显示；字符叠加应不影响对图像的监视和记录回放效果。字符时间与标准时间的误差应在±30 s以内。

4.2.4　系统具有根据用户级别处理并发访问的功能，多个用户可以同时查看同一设备的监控画面；不同级别用户同时请求对某一设备进行放大、缩小、旋转等操作时，系统优先满足高优先级用户操作，并提示其他用户暂时无权限操作。

4.2.5 系统支持录入人脸识别的白名单和黑名单数据，当监控到白名单或黑名单人员时系统弹出提示消息。

4.2.6 系统自动生成用户访问日志和系统操作日志，应支持录像本地备份功能和日志备份，避免数据丢失，方便追踪人为操作记录，保障数据和系统安全性。

4.2.7 系统的多画面显示屏显示不低于16路图像，每路图像不小于5″，多画面显示屏数量不少于监控总路数的1/16；切换显示屏显示不低于4路图像，每路图像不小于10″，切换显示屏数量不少于1/64。

4.3 信息采集

4.3.5 固定式摄像机根据监控场景，短焦镜头变倍不低于3倍，短焦不大于4 mm，长焦不小于12 mm；长焦镜头变倍不低于4倍，短焦不大于10.5 mm，长焦不小于42 mm。视频监控系统摄像机像素不低于200 W，视频分辨率不低于1 920 × 1 080，图片分辨率不低于1 920 × 1 080。

4.4 信息传输及显示

4.4.2 有线网络带宽不低于6 M，无线传输方式回传图像的带宽不低于3 M。摄像机图像传输需具备低延时性，图像延时不应大于100 ms；图像具备三码流技术，支持不同规格码流；摄像机须支持现行国家标准《安全防范视频监控联网系统信息传输、交换、控制技术要求》GB/T 28181及ONVIF、主动注册等传输协议。

4.5 系统接口

4.5.1 系统应兼容常见操作系统，如 Windows、Linux、iOS、Android 等系统，方便用户通过智能移动端查看视频监控信息。

4.6 信息管理

4.6.1 通过调整程序代码改善软件的质量、性能，使其程序的设计模式和架构更趋合理，提高软件的扩展性和维护性。

4.6.3 视频数据按照数据资源分为结构化数据、非结构化数据和半结构化数据。结构化数据主要包括非音/视频物联感知终端上报的数据、音/视频结构化数据、管理平台的业务管理数据等；非结构化数据主要包括音/视频及图片数据等；半结构化数据主要包括图片(包括场景图片及特征图片等)、音/视频片段及 XML/Json 标记的信息等。

4.6.4 系统提供不同级别的用户管理机制，实现对不同角色的分级授权，实现增加、删除、修改用户等操作。为不同级别的管理员提供不同管理权限的设置以达到可见/不可见、可管理/不可管理的目的，比如针对不同种类的设备，不同区域的设备，设备的不同功能等设置查询、修改或增删的权限。

4.6.6 针对用户的使用情况进行检查与评价，系统能判断信息系统的安全、数据的完整等情况。

5 系统安装

5.2 前端视频采集设备安装

5.2.4 对于作业高处前端视频采集设备在有条件情况下，安装智能跟踪系统，对整个工地中活动的人员及车辆进行整体的管控。

5.3 传输线路安装

5.3.8 无线传输设备的天线在安装中保持垂直，安装时远离电子设备（如电梯、空调等），离金属物体至少 1.5 m。

5.5 供电与接地

5.5.1 监控室内配备不间断电源（UPS）系统。

6 调试及验收

6.2 系统验收

6.2.3 本标准附录 A 视频监控系统验收表中“施工阶段”主要指桩基工程、基坑工程、主体结构、装饰装修、室外总体等 5 个阶段。

7 系统维护

7.1 一般规定

7.1.1 由于建筑工程施工现场参建单位众多，视频监控系统应建立维护保养机制，定期进行检查与维护，保障系统正常运行。

7.1.4 系统维护保养，应编制维护保养计划，过程中记录维保日志，定期报送上级负责人，辅助决策，确保系统正常运行。

7.3 扩展和升级

7.3.1 视频监控系统应具备一定的灵活性，根据监控范围大小变化支持小容量、大容量之间灵活切换。